Sitzungsberichte
der Akademie der Wissenschaften
der DDR
Mathematik – Naturwissenschaften – Technik

13 N

1977

Eberhard Hofmann

Die Bedeutung der Raumstruktur für die Funktion von Enzymen

AKADEMIE-VERLAG · BERLIN

Sitzungsberichte
der Akademie der Wissenschaften
der DDR
Mathematik — Naturwissenschaften — Technik

Jahrgang 1977 · Nr. 13/N

Eberhard Hofmann

Die Bedeutung der Raumstruktur für die Funktion von Enzymen

AKADEMIE-VERLAG · BERLIN
1977

Erweiterte Fassung eines Vortrages
von Prof. Dr. Eberhard Hofmann,
Physiologisch-Chemisches Institut der Karl-Marx-Universität,
gehalten vor der Klasse Biowissenschaften
am 17. Juni 1976

Herausgegeben im Auftrage
des Präsidenten der Akademie
der Wissenschaften der DDR
von Vizepräsident Prof. Dr. Heinrich Scheel

Erschienen im Akademie-Verlag, 108 Berlin, Leipziger Str. 3–4

Lizenznummer: 202 · 100/369/77
Gesamtherstellung: VEB Druckhaus Köthen
Bestellnummer: 762 566 5 (2010/77/13/N) · LSV 1315
Printed in GDR
DDR 3,– M

Enzyme sind katalytisch wirkende Einweiße. Sie stellen die spezifischsten und wirksamsten Katalysatoren für Stoffumwandlungsvorgänge dar, die wir kennen. Für den Ablauf und die Kontrolle des Stoffwechsels der belebten Materie sind sie unentbehrlich. Die Katalysatorfunktion eines Enzyms ist an eine bestimmte räumliche Struktur des makromolekularen Enzymproteins gebunden. Zwischen den Enzymen als Biokatalysatoren und den chemischen Katalysatoren gibt es keine grundsätzlichen Unterschiede. Beide bedienen sich prinzipiell der gleichen Reaktionsmechanismen. Die Enzymkatalyse gehört zum Typ der homogenen Katalyse; ihr liegen vorwiegend die Säure-Basen-Katalyse, die nukleophile Katalyse und die Katalyse durch Oxidoreduktionsprozesse zugrunde. In zahlreichen Fällen sind kovalente Bindungen zwischen Substrat und Enzym im Verlauf der Katalyse nachgewiesen worden. Ein Enzymmolekül kann für viele Zwecke in wäßriger Lösung als Pseudophase betrachtet werden, so daß dadurch die physikalischen und physikalisch-chemischen Konzepte der heterogenen Katalyse auch auf Enzymreaktionen anwendbar werden [1, 2].

Von besonderer Bedeutung für den katalytischen Prozeß ist das aktive Zentrum eines Enzymmoleküls. Dieses ist für die Bindung des Substrates und den Ablauf des katalytischen Prozesses verantwortlich. Das aktive Zentrum wird aus den funktionellen Gruppen einzelner Aminosäurereste gebildet, die sich zur Optimierung der Reaktion in einer bestimmten räumlichen Anordnung zueinander und zu den verschiedenen Regionen des Substratmoleküls befinden.

Obwohl die Aminosäurereste im aktiven Zentrum eines Enzyms nur wenige Prozente aller im Eiweißmolekül vorhandenen Aminosäuren ausmachen, muß man davon ausgehen, daß das Eiweißmakromolekül als Ganzes für die Wirkungsweise eines Enzyms, also sowohl für seine katalytische als auch für seine regulatorische Funktion, erforderlich ist.

Die makromolekulare Organisation eines Eiweißmoleküls liefert die Grundlage für dessen strukturelle Stabilität und dynamische Flexibilität, die in Gemeinschaft mit seinen funktionell-chemischen Eigenschaften die entscheidenden Voraussetzungen für die Spezifität, Reaktionsbeschleunigung und Regulierbarkeit einer Enzymreaktion darstellen.

Was versteht man bei einem Enzymmolekül unter „Flexibilität“ einerseits und

„Rigidität" andererseits? Wenn man davon ausgeht, daß selbst in den einfach gebauten Molekülen Vibrationen und Rotationen innerhalb ihrer chemischen Bindungen auftreten, sollten die Bewegungs- und Drehungsmöglichkeiten der Einzelatome und Atomgruppen innerhalb eines Proteinmoleküls ungeheuer groß sein. Ein Proteinmolekül kann rhythmische und rasche Strukturänderungen erleiden (es vermag zu „atmen") und viele seiner Gruppen haben die Fähigkeit zur Rotation. Wir schließen diese Bewegungsformen in die Definition des Begriffs „Rigidität" ein und sagen, daß dabei keine Änderungen in der durchschnittlichen Position der einzelnen Aminosäurereste oder funktionellen Gruppen beobachtbar sind. Unter „Flexibilität" versteht man demgegenüber die Möglichkeit des Eintrittes einer experimentell nachweisbaren Konformationsänderung, z. B. bei Bindung eines Liganden an das Enzymprotein, die groß genug ist, um z. B. einen Übergang des Enzyms von einem inaktiven in einen aktiven Zustand zu bewirken. Die Flexibilität des makromolekularen Proteinmoleküls ist die entscheidende Voraussetzung für die Realisierung aller der Eigenschaften, die ein Enzym besitzt: seine Fähigkeit zur Reaktionsbeschleunigung und zur Regulierbarkeit seiner Aktivität durch Ligandenbindung, seine hohe Substrat- und Reaktionsspezifität und seine Möglichkeit zur Evolution [3].

Die das aktive Zentrum aufbauenden Aminosäuren müssen nicht benachbart in der Polypeptidkette sein, da infolge der dreidimensionalen Faltung des Proteinmoleküls auch solche Aminosäuren in enge Nachbarschaft zueinander kommen können, die in der Primärstruktur mehr oder weniger weit voneinander entfernt sind.

Eine allgemeine Regel ist, daß das aktive Zentrum nicht aus dem Eiweißmolekül herausragt, sondern eine eingestülpte Tasche oder Krypte darstellt. Dadurch entsteht die Möglichkeit einer Abschirmung der aktiven Gruppen von dem Lösungsmittel Wasser. Aus diesem Grunde weisen häufig das aktive Zentrum oder auch nur Teile von ihm ein Mikromilieu von betont hydrophobem Charakter auf. Das Substrat wird in solchen Fällen bei seiner Bindung an das aktive Zentrum aus der wäßrigen Lösung in ein nicht polares Medium mit niedrigerer Dielektrizitätskonstante übergeführt, in welchem die elektrostatischen Wechselwirkungen zwischen den ionisierten Gruppen mehrfach größer als in Wasser sind. Dadurch wird die Polarisierung von Bindungen innerhalb des Substratmoleküls erleichtert und dessen Reaktivität erhöht.

Die Funktionsweise des aktiven Zentrums sei kurz an Hand des Chymotrypsins als gut untersuchtem Beispiel erörtert (Abb. 1).

Das Chymotrypsin ist eine Verdauungsprotease, die aus der Bauchspeicheldrüse stammt und vorwiegend solche Peptidbindungen hydrolysiert, die von Aminosäureresten mit aromatischer Seitenkette geliefert werden.

Abb. 1 zeigt die Raumstruktur von α-Chymotrypsin. Das Enzym ist aus drei Ketten (A, B, C) aufgebaut, die aus dem einkettigen Chymotrypsinogen als inaktiver Vorstufe durch limitierte Proteolyse entstehen. Im Molekül befinden sich fünf Disulfidgruppen. Das aktive Zentrum ist aus den Aminosäuren Serin-195 (C-Kette)

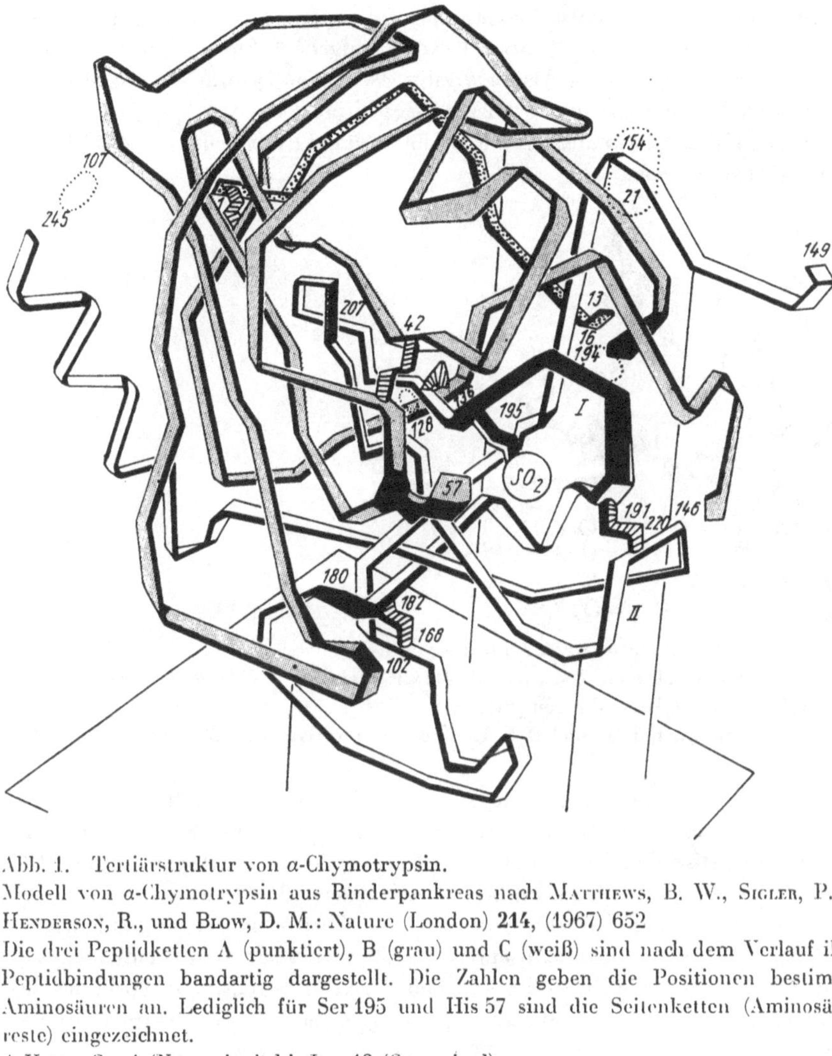

Abb. 1. Tertiärstruktur von α-Chymotrypsin.
Modell von α-Chymotrypsin aus Rinderpankreas nach MATTHEWS, B. W., SIGLER, P. B., HENDERSON, R., und BLOW, D. M.: Nature (London) **214**, (1967) 652
Die drei Peptidketten A (punktiert), B (grau) und C (weiß) sind nach dem Verlauf ihrer Peptidbindungen bandartig dargestellt. Die Zahlen geben die Positionen bestimmer Aminosäuren an. Lediglich für Ser 195 und His 57 sind die Seitenketten (Aminosäurereste) eingezeichnet.
A-Kette: Cys 1 (N-terminal) bis Leu 13 (C-terminal)
B-Kette: Ileu 16 (N-terminal) bis Tyr 146 (C-terminal)
C-Kette: Ala 149 (N-terminal) bis Asp 245 (C-terminal)
Die schraffierten Disulfidbindungen innerhalb einer Kette (Spangen) oder zwischen zwei Ketten (Brücken) haben den charakteristischen zick-zack-förmigen Verlauf: Spangen 42–58, 168–182, 191–220 und Brücken 1–122, 136–201.
Durch punktierte Linien sind folgende Ionenbindungen eingekreist worden:

Ileu$^{\oplus}$ 16 — Asp$^{\ominus}$ 194, Glu$^{\ominus}$ 21 — Arg$^{\oplus}$ 154, Asp$^{\ominus}$ 128 — Lys$^{\oplus}$ 203,
Asp$^{\ominus}$ 245 (α-Carboxylgruppe) — Lys$^{\oplus}$ 107.

Aus dem katalytischen Zentrum ragt der Tosylrest („SO_2"), mit dem das Ser 195 markiert ist, und die 3 Å davon entfernte Imidazolgruppe von His 57. Die schwarz ausgefüllten Abschnitte stellen katalytisch wichtige Bereiche dar: Ileu 16, His 57, Asp 102, Met 180, Gly 193 — Asp 194 — Ser 195 — Gly 196, Tyr 207.
Außer der Schleife I, die von den Aminosäuren 190–195 gebildet wird, ist auch die Schleife II der C-Kette für die Katalyse von Bedeutung.

(im Bild durch eine Toluolsulfonylgruppe („Tosylgruppe") substituiert), Histidin-57 und Asparaginsäure-102 (beide B-Kette) aufgebaut. Sie werden von zahlreichen hydrophoben Resten — Alanin, Zystin, Isoleuzin, Tyrosin — umgeben und sind so zumindest teilweise gegen Wasser abgeschirmt [4].

Die gegenseitige Anordnung der Aminosäuren im aktiven Zentrum ist in Abb. 2 detailliert wiedergegeben.

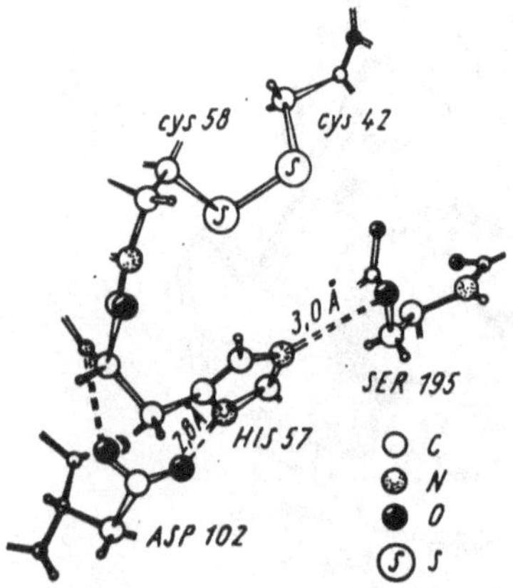

Abb. 2 Konformation des aktiven Zentrums von α-Chymotrypsin.
Ausschnitt aus dem aktiven Zentrum mit Blickrichtung in das Molekülinnere. Peptidkettenskelett schwarz, H-Bindungen gestrichelt.
[Blow, D. M., Birktoft, J. J., und B. S. Hartley, Nature (London), **221** (1969), 337–340]

Das Serin-195 ist infolge der Gegenwart des benachbarten Histidin-57 stark nukleophil, da dessen Imidazolrest als Protonenakzeptor fungiert. Der Protonenübergang zum Histidin-57 wird durch das Karboxylanion der Asparaginsäure-102 unterstützt, wodurch die Nukleophilie des Serinsauerstoffs gesteigert wird.

Durch die hydrophobe Abschirmung wird der Zutritt von Hydroniumionen an die Karboxylgruppe des Asparaginsäurerestes-102 verhindert, so daß entlang dieses so entstehenden „Charge-Relais-Systems" ein Elektronentransfer in Richtung des Serins „kanalisiert" wird, der die für die Katalyse notwendige Elektronegativität des Serinsauerstoffs schafft [5].

Der nukleophile Serinsauerstoff greift dann das C-Atom der Karbonylgruppe an der zu spaltenden Bindung des Substrates an, so daß eine kovalente Verbindung, nämlich ein Ester, zwischen dem Azylrest des Substrates und dem Serin-195 entsteht, die danach wieder hydrolytisch gespalten wird (Abb. 3).

Die aktiven Zentren anderer Serinproteasen (z. B. Trypsin, Thrombin, Subtilisin) besitzen ganz ähnliche Strukturen wie das des Chymotrypsins und enthalten ebenfalls Serin, Histidin und Asparaginsäure. In diesem Zusammenhang ist von besonderem Interesse, daß sich die in ihrer Spezifität unterscheidenden tierischen Serinproteasen durch eine divergente Evolution aus einer gemeinsamen Urform entwickelt haben, während die bakterielle Protease Subtilisin dieses Charge-Relais-System im aktiven Zentrum durch eine konvergent verlaufende Evolution aus einer völlig anderen Urform erworben hat.

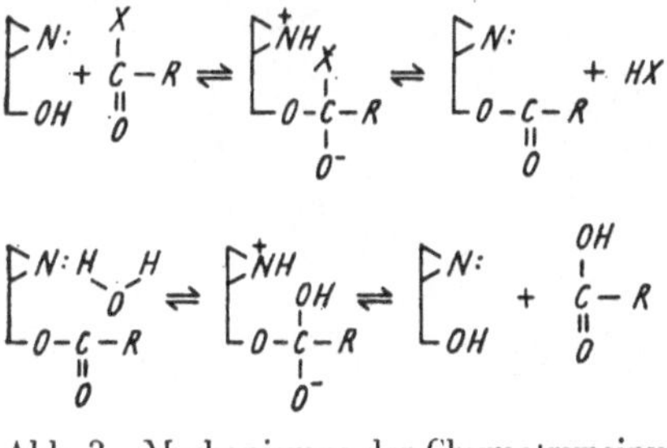

Abb. 3 Mechanismus der Chymotrypsinwirkung.

Als weiteres Beispiel, über das jedoch gegenwärtig weit weniger bekannt ist als beim Chymotrypsin, sei der Wirkungsmechanismus der Pyrophosphatase aus Hefe erörtert, die anorganisches Pyrophosphat hydrolytisch spaltet. Dieses Enzym wurde in den letzten Jahren in der Arbeitsgruppe von Herrn Dr. Heitmann im Institut für Physiologische und Biologische Chemie der Humboldt-Universität bearbeitet. Bei diesem Enzym führt die spezifische chemische Modifizierung von ein bis zwei Karboxyl-, Tyrosyl-, Arginyl- und Tryptophanylgruppen pro Untereinheit zu dessen völliger Inaktivierung [6].

Aus der Schutzwirkung von Substratanaloga, z. B. von CaPP, gegenüber der Modifizierung dieser Gruppen wurde der Schluß gezogen, daß eine Karboxylgruppe sowie die genannten Aminosäuren im aktiven Zentrum des Enzyms lokalisiert sein müssen.

Auf Grund dieser und anderer Arbeiten wird der folgende Mechanismus der enzymatischen Pyrophosphathydrolyse diskutiert (Abb. 4): Das Substrat Mg-Pyrophosphat bindet über das Mg^{++} koordinativ an die Gruppen X und Y des aktiven Zentrums, die eine Karboxylgruppe und die phenolische Hydroxylgruppe eines Tyrosinrestes darstellen könnten. Dabei wird der Chelatring des Magnesium-Pyrophosphat-Komplexes aufgebrochen und die Beziehung des Magnesiums zu einem der beiden Phosphatreste aufgehoben. Dieser Phosphatrest tritt in Wechselwirkung mit der positiv geladenen Guanidingruppe des Arginins. Sowohl diese Wechselwirkung als auch diejenige des anderen Phosphatrestes mit dem Magnesium bewirken eine Abschirmung der negativen Ladungen des Pyrophosphates und demzufolge einer Positivierung der Phosphoratome, wodurch eine durch Gruppe B vermittelte Basenkatalyse ermöglicht und damit ein nukleophiler Angriff des Wassers auf die P-O-P-Bindung mit der darauf folgenden Abspaltung des Phosphations erleichtert wird.

Durch die chemischen Eigenschaften und die dreidimensionale Struktur des aktiven Zentrums werden zwar der Reaktionsmechanismus und die Spezifität einer Enzymreaktion verständlich, nicht aber die hohe katalytische Fähigkeit eines En-

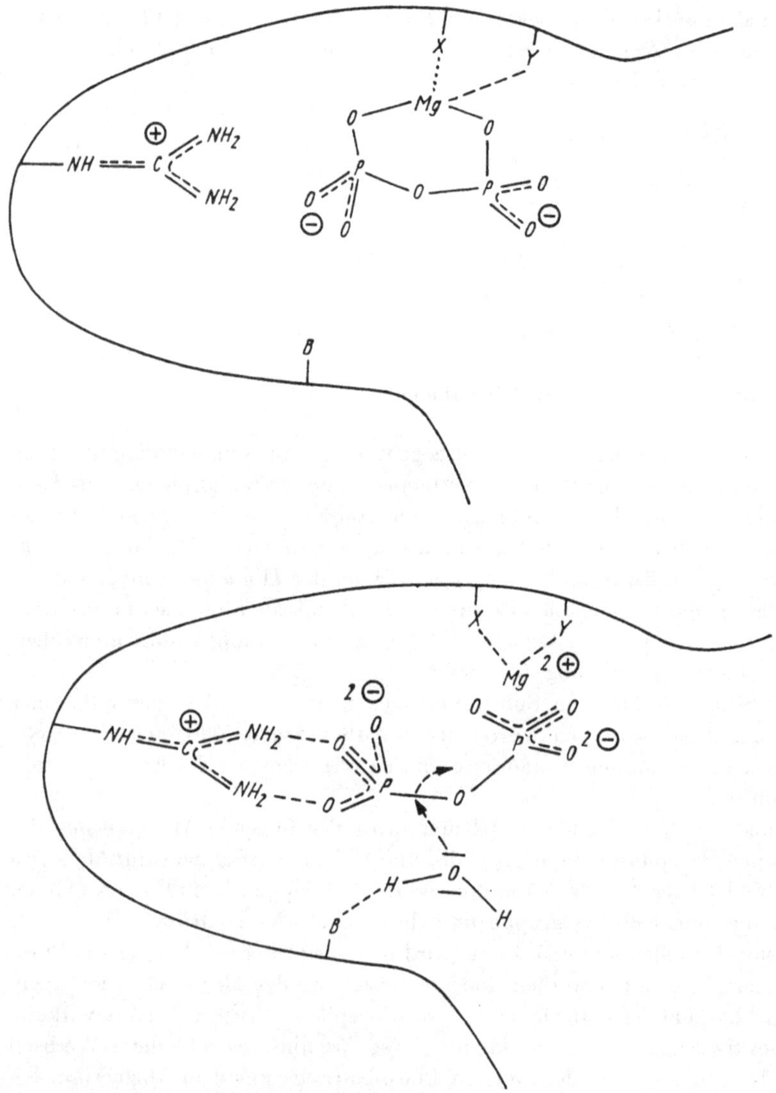

Abb. 4 Modell der Pyrophosphatasewirkung.

zyms. m. a. W. ein aufgeklärter Reaktionsmechanismus erklärt noch nicht die extrem hohe Umsatzrate eines Enzyms.

Hierfür werden eine Reihe von Faktoren verantwortlich gemacht, von denen Nachbargruppeneffekte. Substratimmobilisierung und -orientierung. Orbitalüberlappung und Induktion von Spannungszuständen im Substratmolekül als besonders wichtig angesehen werden müssen.

Die Theorie der induzierten Anpassung („induced fit") von KOSHLAND liefert eine gute Grundlage zum Verständnis dieser Zusammenhänge [7]. Wenn ein Substrat an das Enzym gebunden wird, werden die Bindungskräfte zwischen diesem und dem Enzym dazu benutzt, das Enzym in eine wirksame Konformation zu bringen, wodurch die Aminosäurereste des aktiven Zentrums in eine räumlich günstige Position zu den reagierenden Atomen im Substrat gebracht und der katalytische Prozeß möglich gemacht werden.

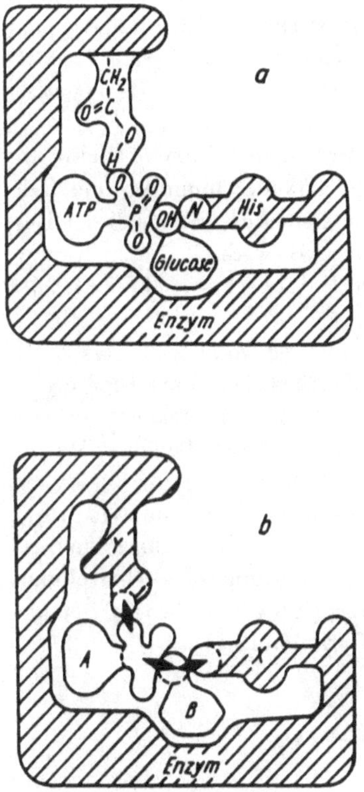

Abb. 5 Nachbarschaftseffekt (a) und Orbitalsteuerung (b) bei der Hexokinase (nach KOSHLAND, Nachr. Chem. Techn. **19**, 47 (1971)).

Eine solche Substratorientierung sei am Beispiel der Hexokinase erläutert, an der ein „induced-fit"-Mechanismus nachgewiesen wurde (Abb. 5a): ATP und Glukose werden offenbar an das katalytische Zentrum des Enzyms so gebunden, daß die beiden reagierenden Gruppen, nämlich die terminale Phosphatgruppe des ATP und die 6-OH-Gruppe der Glukose, direkt benachbart sind [8]. Die hohe Geschwindigkeit des Phosphattransfers vom ATP auf die Glukose soll auf der hohen Genauigkeit der Orientierung der Atom- und Molekülorbitale der reagierenden Gruppen in den Substratmolekülen zueinander und zu den reagierenden Gruppen der

Aminosäurereste im aktiven Zentrum beruhen. In der Abbildung 5b ist diese Orbitalausrichtung schematisch durch Keile angedeutet, die den Raumwinkel angeben, der für den Ablauf der Reaktion optimal ist.

Einwände gegen diese Vorstellung ergeben sich aus der Tatsache, daß die erforderliche Winkelgenauigkeit von 0,1° in den Bereich normaler Vibrationen fällt und es fraglich erscheint, daß die Substratausrichtung im aktiven Zentrum überhaupt mit so hoher Genauigkeit erfolgen kann.

Als Alternative hierzu wurde die Vorstellung entwickelt, daß die reagierenden Partner an das aktive Zentrum in einer dem reaktionsfreudigen Übergangszustand ähnlichen Struktur gebunden werden, wie wir ihn von allen chemischen Reaktionen her kennen und wie er vorhin am Beispiel der Pyrophosphatase demonstriert wurde.

Substrat oder Koenzym erleiden bei ihrer Bindung an das Enzym Konformationsänderungen und erfahren dadurch in ihren Molekülen Spannungen und Dehnungen, die für den Ablauf der Reaktion von großer Bedeutung sind. Bei der Bindung eines Oligosaccharids an das Enzym Lysozym z. B. wechselt dessen Konformation aus der Sesselform in die reaktionsfähigere Halbsesselform über, wie dies durch Röntgenstrukturanalyse nachgewiesen wurde.

Als weiteres Beispiel sei die Konformationsänderung besprochen, die das Koenzym der Pyruvatdekarboxylase, das Thiaminpyrophosphat, bei seiner Bindung an das Apoenzym erfährt. Entsprechende Arbeiten werden von Professor SCHELLENBERGER und seiner Arbeitsgruppe an der Sektion Biowissenschaften der Martin-Luther-Universität in Halle durchgeführt [9].

Abb. 6 zeigt die Strukturformel dieses Koenzyms, die zwei um eine CH_2-Brücke drehbare Ringebenen enthält, nämlich einen Pyrimidin- und einen Thiazoliumrest. Essentiell für die Funktion als Koenzym ist die 2-CH-Gruppe des Thiazoliums, an das der aus der Brenztraubensäure durch CO_2-Abspaltung entstehende Azetaldehyd gebunden wird, sowie die 4'-NH_2-Gruppe des Pyrimidinringes.

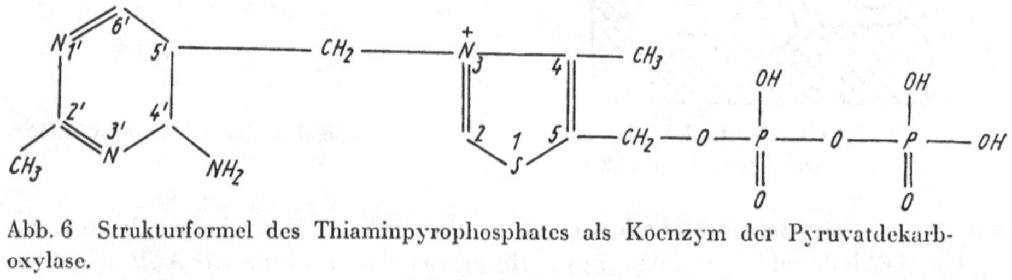

Abb. 6 Strukturformel des Thiaminpyrophosphates als Koenzym der Pyruvatdekarboxylase.

Der Katalysemechanismus erfordert die enge Nachbarschaft und das unmittelbare Zusammenwirken des 2-C-Atoms des Thiazoliumringes und der 4'-NH_2-Gruppe, wodurch der Azetaldehyd vom Koenzym abgespalten wird. Im freien Thiaminpyrophosphat ist diese Wechselwirkung infolge eines zu großen Abstandes zwischen den beiden Gruppen nicht möglich. Es kommt dabei nur zur CO_2-Freisetzung aus der Brenztraubensäure, nicht aber zur Bildung von freiem Azetaldehyd. Letzterer wird nur bei Bindung von Thiaminpyrophosphat an das Apoenzym der Pyruvatdekarboxylase abgespalten.

Diese Wechselwirkung der beiden am Katalysemechanismus beteiligten Gruppen im aktiven Azetaldehyd ist nur durch eine spezifische gegenseitige räumliche Anordnung der einzelnen Gruppen des Moleküls unter Ausbildung einer H-Brücke zwischen der α-OH-Gruppe des Azetaldehyds und dem Elektronenpaar der $4'$-NH_2-Gruppe möglich.

Bei dieser spezifischen Anordnung der beiden Ringebenen kommen die 4-Methyl-Gruppe des Thiazoliumrestes und das 6'-H in eine unmittelbare Berührung.

Wird dieses 6'-H durch eine Methylgruppe ersetzt, so wird durch die sterische Behinderung einer Verdrillung des Koenzym-Moleküls hervorgerufen, so daß die Dekarboxylierung nicht mehr ablaufen kann (6'-Methyl-Thiaminpyrophosphat ist demzufolge als Koenzym inaktiv). Wird aber im 6'-Methyl-Thiaminpyrophosphat die 4-Methylgruppe eliminiert, kann die „richtige" Konformation des Thiaminpyrophosphates unter Wiedergewinnung seiner Koenzymfunktion erneut ausgebildet werden.

Ein Vergleich dieser spezifischen, katalytisch aktiven Konformation des enzymgebundenen Koenzyms mit der Röntgenkristallstrukturanalyse des freien Koenzyms zeigt, daß im freien Thiaminpyrophosphat ein deutlicher Abstand zwischen der 4-Methylgruppe und dem 6'-H-Atom besteht (1.5 Å). Es läßt sich daraus schließen, daß das Thiaminpyrophosphat an das Enzymprotein in einer besonderen Konfiguration gebunden wird, die durch dessen Wechselwirkung mit dem Enzym entsteht.

Im folgenden seien einige Probleme diskutiert, die die Ausbildung und Stabilisierung der Raumstruktur von Enzymproteinen betreffen.

Die grundlegenden Gesetzmäßigkeiten der Ausbildung einer dreidimensionalen Struktur aus einer gestreckten Polypeptidkette wurde an verhältnismäßig einfachen Proteinen studiert, vor allem an der Pankreas-Ribonuklease und an der noch einfacher gebauten Nuklease aus Staphylokokkus [10]. Dabei ergab sich, daß eine Polypeptidkette in einem gegebenen Milieu diejenige räumliche Struktur einnimmt, bei der die freie Enthalpie des Gesamtsystems (Protein plus Milieu) ein Minimum aufweist. Diese Feststellung sagt aus, daß die räumliche Struktur einer Polypeptidkette a) eine hohe Stabilität besitzt und b) sowohl von der Primärstruktur als auch von der Gesamtheit aller zwischenmolekularen Wechselwirkungen abhängt, die das Protein mit seiner Umgebung eingeht.

Eine disulfidbrückenfreie Polypeptidkette mit 149 Aminosäureresten wie die der Nuklease aus Staphylokokkus sollte infolge der Anwesenheit von wenigsten zwei rotationsfähigen Bindungen pro Aminosäurerest die unvorstellbar große Zahl von 4^{149} bis 9^{149} verschiedene Konformationen in Lösung einnehmen können. Aus der beobachteten hohen Geschwindigkeit der Rückfaltung aus dem denaturierten in den nativen Zustand ergibt sich jedoch, daß dieser Prozeß eine begrenzte Zahl von

Reaktionswegen aus einer unermeßlichen Vielfalt heraus auswählen muß. Daraus kann man schließen, daß dem Beginn der Faltung, also der Keimbildung, eine entscheidende Bedeutung zukommen muß.

Für die Keimbildung sind vor allem solche Teile der Polypeptidketten geeignet, die leicht Konformationsgleichgewichte zwischen statistischer und kooperativ stabilisierter Anordnung eingehen können, d. h. leicht um diejenige Konformation „herumflattern" können, die sie auch im Protein mit ausgebildeter Raumstruktur einnehmen. Nach ihrer kooperativen Stabilisierung durch hydrophobe und andere Wechselwirkungen werden sie relativ starr und fungieren als Orientierungszentren für die weitere Faltung. Man kann annehmen, daß bestimmte Unterstrukturen globulärer Proteine, wie Helices oder β-Strukturen, potentielle Keimbildungszentren für den Faltungsprozeß darstellen. Im Innern solcher Strukturen befinden sich meist hydrophobe Aminosäuren, vor allem Leuzin und Valin. Da diese beiden Aminosäuren starke helixbildende Fähigkeiten haben, spielen sie bei Nukleationsvorgängen vermutlich eine besondere Rolle.

Die wichtige These, daß die stabile dreidimensionale Struktur eines nativen Proteins diejenige ist, deren freie Enthalpie ein Minimum aufweist, wird durch solche Proteine eindrucksvoll belegt, die Disulfidgruppen in ihrem Molekül enthalten, z. B. Ribonuklease, Insulin, Chymotrypsin und die Immunglobuline.

Wenn voll reduzierte Ribonuklease unter denaturierenden Bedingungen reoxidiert wird, kommt es zur Bildung einer großen Zahl enzymatisch inaktiver, isomerer Produkte, die sich in der Verteilung ihrer Disulfidbrücken voneinander unterscheiden. Nach Entfernung des Denaturierungsmittels und Zugabe von Merkaptoäthanol kommt es zu einem Disulfidaustausch und zur Bildung einer einheitlichen und enzymatisch vollaktiven Ribonuklease, in der sich die Disulfidverteilung nicht von der in dem nativen Enzym unterscheidet. Dieselben Resultate erhält man, wenn Immunglobuline einer solchen Behandlung unterworfen werden. Scheinbar anders verhalten sich aber Insulin und Chymotrypsin. Bei diesen ist die biologisch aktive Form nicht diejenige mit der niedrigsten freien Enthalpie. Wenn man diese Proteine reduziert und danach reoxidiert, so trifft eine Randomisierung in der Disulfidgruppenverteilung mit der Bildung inaktiver Produkte ein. Die Ursache dieses Verhaltens ist, daß beide Molekülarten aus einkettigen Vorstufen durch proteolytische Herausspaltung bestimmter Peptidanteile entstehen, nachdem in diesen Vorstufen die Disulfidbrücken bereits ausgebildet wurden. Die Vorstufen ihrerseits weisen jeweils die Disulfidgruppenverteilung auf, die auf Grund der thermodynamischen Faltungstheorie zu erwarten sind.

Die Stabilität der Raumstruktur eines Proteins wird vor allem von den hydrophoben Wechselwirkungen gewährleistet, außerdem sind Wasserstoffbindungen und Ionenbeziehungen wichtig.

Hervorgehoben sei, daß hydrophobe Bindungen nicht genügend selektiv sind, um die Bildung einer bestimmten spezifischen Struktur zu garantieren. Demzufolge verlangt die Faltung eines Proteinmoleküls zur Erreichung einer ganz bestimmten Konformation das kooperative Zusammenwirken verschiedener nichtkovalenter Kräfte. Durch die hydrophoben Wechselwirkungen wird die Entstehung einer kompakten Struktur im Innern des Eiweißmoleküls verursacht, jedoch nicht eine spezifische räumliche Konfiguration ausgebildet. An deren Ausbildung sind polare Wechselwirkungen und Wasserstoffbindungen, selbstverständlich auch Disulfidgruppen, beteiligt. Im allgemeinen enthält der innere Kern eines Proteinmoleküls als dessen Stabilitätszentrum vorwiegend Aminosäuren mit apolaren Seitenketten, sofern dort nicht polare Seitenketten für bestimmte Funktionen, etwa zum Aufbau eines katalytischen Zentrums, gebraucht werden [11].

Die Stabilität hydrophober Wechselwirkungen nimmt bis zu einer Temperatur von etwa 60 °C zu und sinkt danach ab. Dies harmoniert mit der Feststellung, daß eine höhere Temperaturstabilität eines bestimmten Enzyms häufig mit einem höheren Gehalt an hydrophoben Aminosäuren und einem höheren Grad an Kompaktheit des Proteinmoleküls einhergeht. Obwohl die höhere Temperaturstabilität eines Enzyms aus thermophilen Organismen ganz sicher durch die Gesamtheit aller Wechselwirkungen im Makromolekül bedingt ist und Metallionen, insbesondere Ca^{++}-Ionen, als bedeutsame Stabilisatoren erkannt wurden, spielen die hydrophoben Wechselwirkungen für die Strukturstabilisierung vermutlich eine besondere Rolle.

Viele Erfahrungen mit chemisch modifizierten Polypeptidketten lehren, daß ihre Fähigkeit zur Rückfaltung aus dem denaturierten Zustand, d. h. die Wiedererlangung ihrer räumlichen Struktur, vorwiegend von den inneren, und nicht von den dem Lösungsmittel zugekehrten Aminosäureresten abhängt.

In einem globulären Eiweißmolekül findet man folgende strukturbildende Elemente: a) α-Helices, b) flächig-gekrümmte β-Strukturen und c) unregelmäßige Schleifen („random loops"). Diese Strukturelemente sind häufig zu komplexen Strukturen zusammengeschlossen, die man als Supersekundärstrukturen bezeichnet. Diese haben einen sandwichartigen Aufbau und bestehen aus β-Strukturen, die von α-Helices flankiert sind (Abb. 8).

Von großem Interesse ist, daß Proteine mit vergleichbarer Funktion, aber unterschiedlicher Primärstruktur, ähnliche Raumstrukturen aufweisen.

Bekannte Beispiele hierfür sind die Ähnlichkeiten in den Raumstrukturen a) des monomeren Myoglobins und die der α- und β-Untereinheiten des Hämoglobins, b) des Zytochrom C aus verschiedenen, phylogenetisch teilweise weit voneinander entfernt stehenden biologischen Arten, c) der Dehydrogenasen und Kinasen mit unterschiedlichen Spezifitäten und d) vieler Proteasen.

Offenbar ist die biologische Funktion eines Proteins stärker mit seiner makromolekularen Raumstruktur als mit den chemischen Feinheiten der Primärstruktur korreliert. Ausgehend von der vorhin diskutierten Bedeutung der Primärstruktur für die Ausbildung einer bestimmten Raumstruktur und der Spontaneität ihrer Entstehung ist daraus die Frage ableitbar, auf welche Weise es möglich ist, daß unterschiedliche Aminosäuresequenzen ähnliche Sekundär- und Tertiärstrukturen ausbilden können.

Die Antwort darauf ist offenbar, daß sich bestimmte Aminosäuren in ihren raumbildenden Eigenschaften stark ähneln und ihr gegenseitiger Austausch („konservativer“ Austausch) keine oder keine wesentliche Änderung in der Raumstruktur verursacht. Dies gilt beispielsweise für die apolaren Aminosäuren Valin, Leuzin, Isoleuzin, Phenylalanin und Methionin. Demgegenüber führt ein „nicht-konservativer“ Austausch zwischen zwei Aminosäuren zu Änderungen in der Raumstruktur. Beispiele hierfür sind Hämoglobinmutanten, bei denen ein Austausch von Leuzin-136 gegen Prolin (Hämoglobin Bibba) in der α-Kette oder von Arginin-92 gegen Leuzin (Hämoglobin Chesapeake) zur Auffallung bestimmter Helixregionen, erniedrigten Häm-Häm-Wechselwirkungen, erhöhter O_2-Affinität und geringerer Temperaturstabilität führt [12].

In den letzten Jahren wurden durch systematisch angelegte Röntgenstrukturanalysen mit ständig steigendem Auflösungsvermögen an kristallisierten Enzymen tiefe Einblicke in deren Tertiär- und Quartärstrukturen erhalten. Dies betrifft vor allem die wasserstoff- und phosphatübertragenden Enzyme der Glykolyse und anderer Stoffwechselwege. Dabei konnten grundlegende Fragen der funktionellen Architektur von Enzymproteinen aufgeklärt werden, z. B. die Prinzipien der Enzym-Koenzym-Substrat-Beziehungen, die Mechanismen der Wechselwirkungen zwischen den Untereinheiten im Oligomerverband und die funktionelle und strukturellen Asymmetrie von Enzymen, die aus identischen Untereinheiten aufgebaut sind [13, 14].

Die Röntgenstrukturanalyse dieser Enzyme (2,9 Å Auflösung) ergab, daß jede ihrer Untereinheiten übereinstimmend aus zwei Molekülteilen („lobes“) besteht, von denen der eine Teil die Nukleotidbindungs- und der andere Teil die Substratbindungsregion enthält [15]; in deren Nähe befindet sich auch das katalytische Zentrum des jeweiligen Enzyms.

Ein Vergleich der nukleotidbindenden Regionen verschiedener Dehydrogenasen und Kinasen zeigte, daß die Tertiärstrukturen dieser Region bei allen untersuchten NAD- und ATP-abhängigen Enzymen sehr ähnlich sind, obwohl sich ihre Primärstrukturen deutlich voneinander unterscheiden und sich die Nukleotidbindungsregionen auch auf unterschiedlichen Abschnitten der entsprechenden Polypeptidketten befinden.

In Abb. 7 sind die Polypeptidketten der einzelnen Enzyme schematisch wiedergegeben und darin mit A_1 und A_2 die NAD-bindenden Abschnitte von vier Dehydrogenasen (Laktatdehydrogenase [LDH], lösliche Malatdehydrogenase [s-MDH], Leber-Alkoholdehydrogenase [LADH] und Glyzerinaldehyd-3-phosphat-Dehydrogenase [GAPDH]) bezeichnet; C sind die katalytischen Regionen in der LDH und MDH; D und F die katalytischen Regionen in den anderen beiden Enzymen. Der Abschnitt B in der LDH ist für die Assoziation des dimeren Moleküls zur tetrameren Form erforderlich. Sein Fehlen in der MDH ist Ursache dafür, daß dieses Enzym nur als Dimer vorliegen und nicht zum Tetramer assoziieren kann.

Abb. 8 zeigt die NAD-Bindungsregion, die in allen Dehydrogenasen eine nahezu gleiche Raumstruktur besitzt. Sie besteht aus sechs annähernd parallel liegenden, leicht gekrümmten Bändern, den β-Strukturen, die als breite Pfeile dargestellt sind, und aus zwei Paaren von α-Helices, die jeweils oberhalb und unterhalb der β-Strukturen angeordnet sind. Wenn man in Richtung der Pfeile sieht (unterer Teil der Abbildung) wird der sandwichartige Aufbau dieser Supersekundärstruktur deutlich.

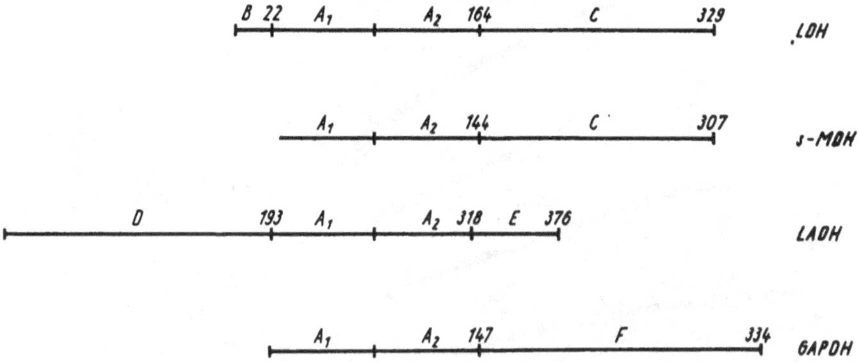

Abb. 7 Schema des Aufbaus und der abschnittsweisen Untergliederung der Polypeptidketten von vier verschiedenen Dehydrogenasen.
A_1 stellt den AMP- und A_2 den NMN-Bindungsabschnitt dar: A_1 plus A_2 bilden die Nukleotidbindungsregion, B ist der aus 21 Aminosäureresten bestehende N-terminale Arm der LDH, C bedeutet die katalytischen Regionen in der LDH und der s-MDH, die sich von der katalytischen Region D und E in der LADH und der katalytischen Region F in der GAPDH unterscheiden. Die Funktion von B ist, die Quartärstruktur der tetrameren LDH zu stabilisieren (Näheres s. Text) [nach 13].

Die NAD-Bindungsregion der Dehydrogenasen besteht aus zwei mononukleotidbindenden Hälften, die untere Hälfte bindet Adenosin-5-phosphat (AMP) und die oberer Hälfte Nikotinsäureamid-Ribose-Phosphat (NMN).

Von großem Interesse ist die Tatsache, daß nicht nur die Dehydrogenasen, sondern auch andere adenin- oder flavinnukleotidabhängige Enzyme Supersekundärstrukturen enthalten, die der Nukleotidbindungsregion (nucleotide binding domain) der Dehydrogenasen strukturell sehr ähnlich sind.

In diese Gruppe gehören a) das Flavodoxin, ein flavinnukleotidabhängiges, elektronenübertragendes Enzym, b) die ATP-abhängigen Enzyme Phosphoglyzeratkinase, Adenylatkinase, Hexokinase und Kreatinkinase, c) die Rhodanese, die durch NAD, FAD, u. a. Nukleotide hemmbar ist und die die Umwandlung von Theosulfat und Zyanid in Rhodanid und Sulfit katalysiert, sowie schließlich d) auch die durch Nukleotide hemmbare Protease Subtilisin.

Die Nukleotidbindungsregion stellt eine sehr stabile räumliche Struktur in diesen Enzymen dar; offensichtlich handelt es sich bei ihr um eine Art molekulares Fossil, das entwicklungsgeschichtlich relativ frühzeitig auftrat, sich auf Grund ihrer beträchtlichen Stabilität auch erhielt und im Lauf der Evolution durch den Prozeß der Genfusion mit anderen Polypeptidketten verbunden wurde, die jeweils unter-

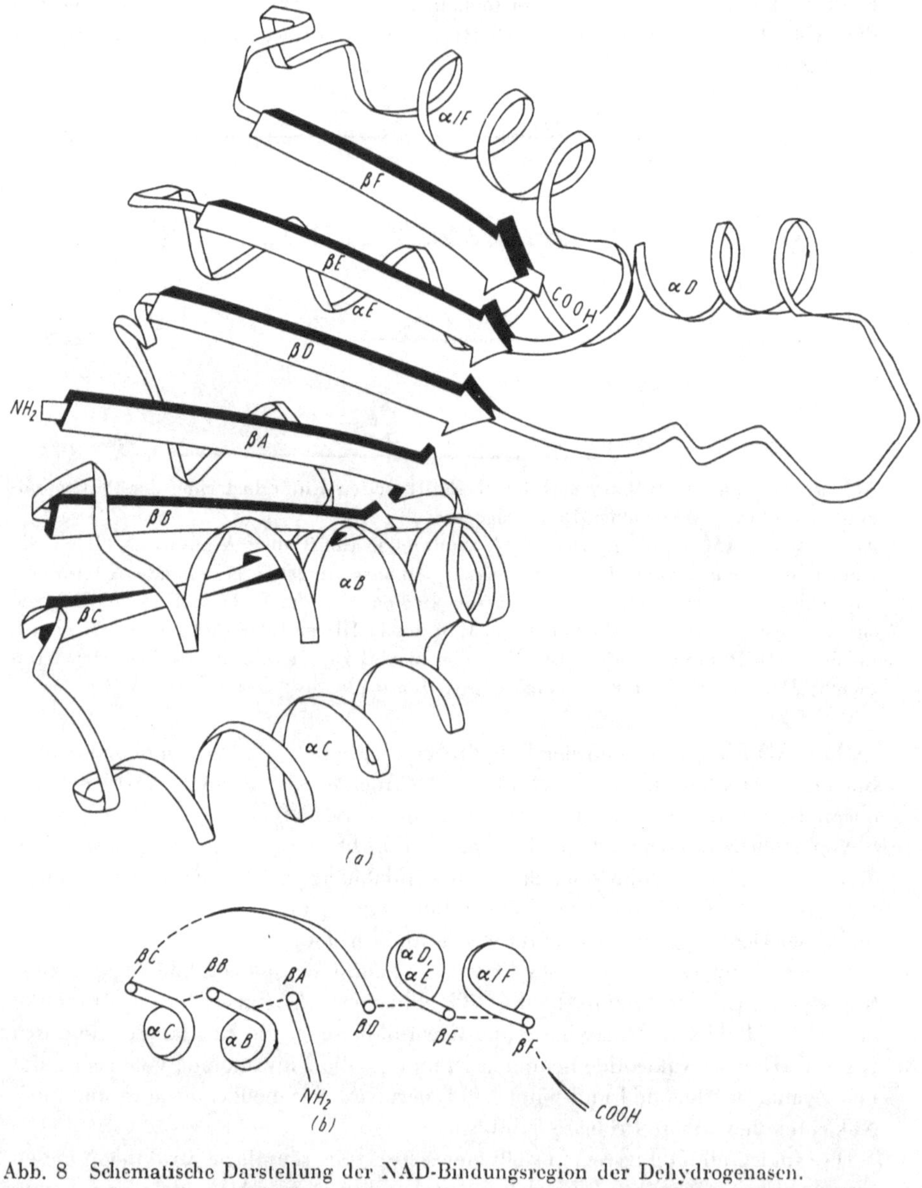

Abb. 8 Schematische Darstellung der NAD-Bindungsregion der Dehydrogenasen.
Mit α werden die verschiedenen α-Helix-Anteile (αB, αC usw.), mit β die einzelnen β-Strukturen βA, βB, usw.) bezeichnet, die diese Supersekundärstruktur aufbauen. Aus dem unteren Teil der Abbildung wird die sandwichartige Struktur deutlich (Näheres s. Text) [nach 13].

schiedliche katalytische Funktionen — Wasserstoffübertragung. Phosphatübertragung usw. — ausübten. Die Entstehung und Beibehaltung dieser Supersekundärstruktur in verschiedenen Proteinen ist offenbar das Ergebnis einer auf die Sicherung der strukturellen Stabilität gerichteten konvergenten Evolution.

In diesem Zusammenhang seien noch einige Bemerkungen über die Probleme Konvergenz und Divergenz in der Struktur und Funktion von Proteinen gemacht. Wir haben gesehen, daß in verschiedenen „Proteinfamilien" ähnliche Raumstrukturen bei unterschiedlichen Aminosäuresequenzen ausgebildet werden (Hämoglobin-Myoglobin-Familie, Zytochrom-Familie, Familie der Serinproteasen, sowie die Familien der Dehydrogenasen und Kinasen). Das könnte darauf hindeuten, daß die jeweilige Familie auf ein gemeinsames Urgen zurückgeht und aus diesem sich durch divergente Evolution unterschiedliche Primärstrukturen bei Konservierung essentieller räumlicher Strukturelemente herausgebildet haben. Im Verlauf der Evolution könnten Genfusionen eingetreten und dabei Enzyme mit unterschiedlichen Wirkungsweisen und Spezifitäten entstanden sein. Die weite Verbreitung der oben diskutierten Supersekundärstruktur kann jedoch auch umgekehrt als das Ergebnis einer konvergenten Evolution interpretiert werden, die das Ziel hatte, stabile „Baublöcke" zur Gewährleistung der Raumstruktur von Proteinen zu schaffen. Dieser Idee liegt die Vorstellung zugrunde, daß derartige Supersekundärstrukturen die eigentlichen strukturellen Bauelemente von Proteinen sind und nicht die α-Helices oder die β-Strukturen.

Gegenwärtig ist es nicht möglich, eine Entscheidung zwischen diesen rivalisierenden Hypothesen zu treffen. Das liegt im wesentlichen daran, daß man gegenwärtig noch nicht erkannt hat, ob es einen *notwendigen* Zusammenhang zwischen der räumlichen Struktur eines Proteins und seiner Funktion gibt (abgesehen von Teilelementen der Raumstruktur wie beispielsweise dem aktiven Zentrum eines Enzyms). Es ist wahrscheinlich, daß Strukturkonvergenz vor allem auf Erhaltung von Stabilität und weniger auf eine *bestimmte* Funktion gerichtet ist. Ein Hinweis auf die Richtigkeit dieser Hypothese wird durch die bereits erwähnten Beispiele Subtilisin und Chymotrypsin geliefert. Beide Enzyme besitzen identische katalytische Zentren, die durch konvergente Entwicklung aus unterschiedlichen Urformen entstanden sind, aber verschiedene Raumstrukturen.

Die Konservierung der Raumstruktur im Verlauf der Evolution geht auch aus der Möglichkeit der Hybridbildung zwischen den Untereinheiten gleichartiger Enzyme aus verschiedenen biologischen Species hervor. Man weiß, daß die Assoziation von Untereinheiten zu einem oligomeren Proteinverband ein hochspezifischer Prozeß ist.

Die meisten Argumente sprechen gegenwärtig dafür, daß alle Dehydrogenasen und Kinasen auf eine gemeinsame Urform, nämlich auf ein primordiales mononukleotidbindendes Protein (das durch konvergente Entwicklung entstanden sein kann) zurückführbar sind, und aus diesem durch Genfusion und divergente Evolution entstanden sind.

In unserem Institut wurde ein Reagenz gefunden, das von der Nukleotidbindungsregion der Kinasen, Dehydrogenasen und anderen adeninnukleotidabhängigen Enzymen hochspezifisch gebunden werden und dabei das jeweilige Nukleotid von diesem verdrängen kann. Dabei handelt es sich um die chromophore Gruppe des Dextranblaues (Cibacronblau F3GA), das weithin Verwendung in der Chromatographie findet (Abb. 9) [16—19]. Geringfügige Änderungen oder Isomerisierungen im Farbstoffmolekül führen zu einem Verlust der Bindungsfähigkeit. Für die Bindung ist offenbar die NH_2-Gruppe im Anthrachinon und die Sulfonsäure im p-Phenylendiamin notwendig, deren gegenseitiger Abstand etwa dem entspricht, der zwischen der NH_2-Gruppe des Adenins und der terminalen Phosphatgruppe im ATP besteht. Auf diesen Wechselwirkungen aufbauend, entwickelten wir neuartige Formen der Affinitätschromatographie für Kinasen und Dehydrogenasen, indem wir farbstoffsubstituierte Träger herstellten und die daran gebundenen Enzyme mit ATP bzw. NAD als spezifischen oder mit ansteigenden Ionenstärken als unspezifischen Elutionsmitteln stufenweise und mit hohem Reinigungserfolg wieder ablösten.

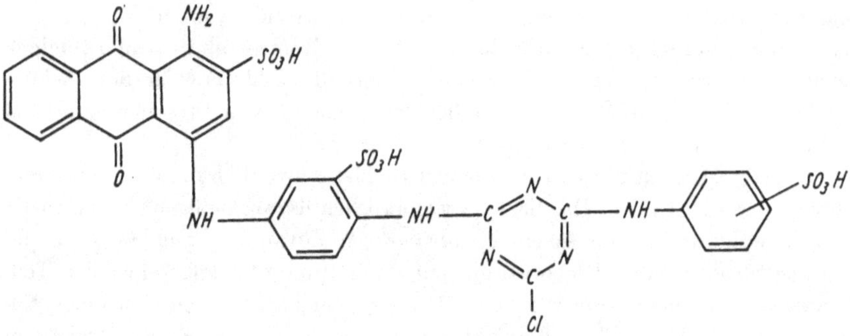

Abb. 9 Formel des Farbstoffs Cibacronblau F3GA, der sehr spezifisch von der Nukleotidbindungsregion der Dehydrogenasen, Kinasen und anderen Enzymen gebunden wird [18, 19].

Von amerikanischen Forschungsgruppen wurden diese Arbeiten aufgegriffen und mit großer Intensität weitergeführt [20—22]. Dabei stellte es sich heraus, daß Nukleinsäurepolymerasen, Aminoazyl-t-RNS-Synthetasen, und eine Reihe anderer, aus verschiedenen Gründen äußerst interessanter Enzyme diesen Farbstoff ebenfalls binden und dadurch auf sehr ökonomische Weise mittels Affinitätschromatographie an trägerfixiertem Farbstoff in reiner Form erhalten werden können.

Von großem Interesse ist u. a., daß es auch gelang, adeninnukleotidabhängige Membranenzyme, z. B. die Adenylatzyklase aus Hirnrinde, mittels Affinitätschromatographie an cibacron-F3GA-substituierter Sepharose zu reinigen und die Wechselwirkungen dieses Enzyms mit Adrenalin und anderen Katecholaminen genauer zu untersuchen [22]. Das Molekulargewicht des offensichtlich oktameren Enzyms beträgt 115 000 und das der einzelnen Polypeptidketten 16 000. Das gereinigte

Enzym wird durch Adrenalin oder Dopamin in seiner Aktivität gesteigert. Jede Untereinheit scheint eine Nukleotidbindungsregion zu besitzen, die entweder ATP oder den Cibacronfarbstoff aufnimmt. Außer ATP findet Adrenalin oder Noradrenalin Platz in dieser Region. Diese Hormone werden offenbar an diejenige Stelle der Region gebunden, an die in den Dehydrogenasen der Nikotinsäureamidanteil des NAD gebunden wird. Ein auf dieser Basis entwickeltes Modell versucht, die aktivierende Wirkung der Katecholamine auf die durch dieses Enzym katalysierte Umwandlung von ATP zum 3.5-Zyklo-AMP zu erklären.

Die reversible Bindung des Cibarconblau F3GA an eine Reihe von Enzymen und seine Verdrängung durch Nukleotide weist auf die Anwesenheit der Nukleotidbindungsregion in diesen Enzymen hin und erlaubt die Analyse von Struktur-Funktionsbeziehungen bereits zu einem Zeitpunkt, zu dem deren Feinstruktur noch nicht durch Röntgenanalyse aufgeklärt ist, die bekanntlich an eine größere Zahl bestimmter Voraussetzungen geknüpft ist.

Im letzten Teil meines Vortrages möchte ich auf einige Aspekte der Quartärstruktur von Proteinen zu sprechen kommen und dabei vor allem die Wechselwirkungen zwischen den Untereinheiten und einige Probleme von Asymmetrien im Oligomerverband diskutieren.

Die Mehrzahl der oligomeren Enzyme bestehen aus zwei, vier, sechs oder acht Untereinheiten. Diese sind nach den Regeln der Punktgruppensymmetrie um einen

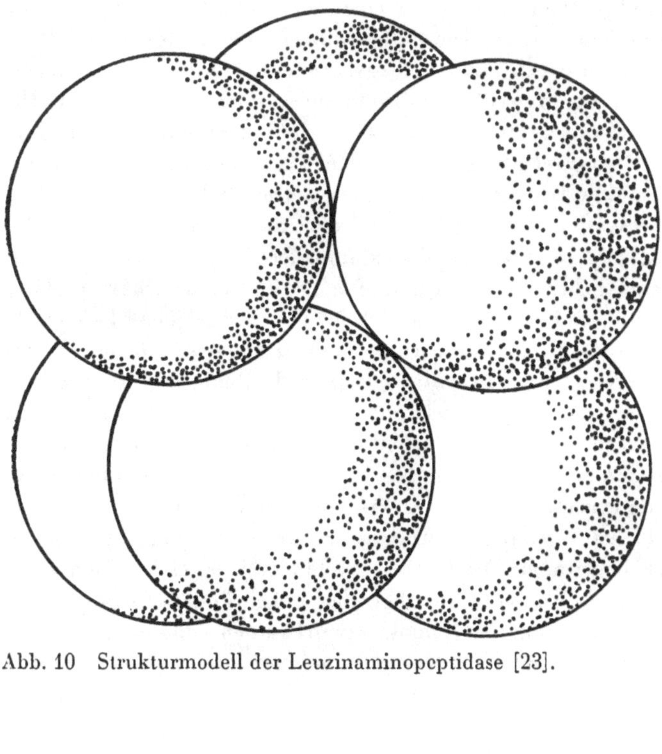

Abb. 10 Strukturmodell der Leuzinaminopeptidase [23].

zentralen Punkt herum angeordnet, durch den die Drehachsen des Moleküls gehen [1].

Ein hexameres Enzym ist z. B. die Leuzinaminopeptidase, die in den letzten Jahren im Physiologisch-Chemischen Institut der Martin-Luther-Universität Halle bearbeitet wurde von der in Abb. 10 die gegenseitige Anordnung der sechs Untereinheiten gezeigt wird. Dieses Modell wurde in einer Gemeinschaftsarbeit zwischen Gruppen von Professor HANSON im Physiologisch-Chemischen Institut Halle und der Arbeitsgruppe Röntgenkleinwinkelstreuung im Zentralinstitut für Molekularbiologie der Akademie der Wisschaften der DDR in Berlin-Buch unter Leitung von Dr. Damaschun erarbeitet [23]. Die sechs identischen Untereinheiten mit Molekulargewichten von je etwa 50 000 sind in zwei übereinander liegenden, gegeneinander um 60° verdrehten Dreierringe angeordnet.

Als Beispiel eines oktameren Enzymes sei die Hefephosphofruktokinase erwähnt, für die ein Strukturmodell in einer sehr anregenden Gemeinschaftsarbeit zwischen Herrn Dr. DAMASCHUN, Herrn Dr. PLIETZ, Frau Dr. DAMASCHUN aus Berlin-Buch und Herrn Dr. KOPPERSCHLÄGER aus unserem Institut entwickelt wurde.

Wie wir zeigen konnten, besitzt das native Enzym ein Molekulargewicht von 800 000 und ist aus zwei verschiedenen Typen von Untereinheiten (α, β) mit Molekulargewichten von etwa 100 000 im Verhältnis 1 : 1 aufgebaut. Systematische Experimente zur intramolekularen Vernetzung mit unterschiedlich langen bifunktionellen Reagenzien ergaben, daß das oktamere Molekül aus zwei tetrameren Halbmolekülen (α_4 und β_4) aufgebaut ist, deren vier Untereinheiten jeweils tetraederförmig angeordnet sein müssen. Die Summenformel des Moleküls der Hefephosphofruktokinase ist also $\alpha_4\beta_4$ [24]. Die experimentell ermittelten Röntgen-Kleinwinkel-Streukurven der Hefe-Phosphofruktokinase stimmen mit diesem Modell hervorragend überein. Das Modell liefert die Grundlage für das Verständnis, daß das Oktamer der Phosphofruktokinase aus Hefe keine Tendenz zur Assoziation zeigt, unter bestimmten Bedingungen aber zum Tetramer dissoziieren kann.

Die Frage ist interessant, warum die Phosphofruktokinase im Vergleich zu den anderen Glykolyseenzymen so groß ist und so kompliziert aufgebaut ist. Eine Antwort auf diese Frage versuchen wir durch limitierte Proteolyse des Enzymproteins zu erhalten. Wir halten diese Frage grundsätzlich für lösbar, vor allem deshalb, da es unter bestimmten Bedingungen, z. B. nach partieller Proteolyse möglich ist, das oktamere Enzym in zwei enzymatisch aktive tetramere Halbmoleküle zu zerlegen, die aus zwei verschiedenen, proteolytisch partiell abgebauten Polypeptidketten mit Molekulargewichten von 80 000 und 90 000 im Verhältnis 1 : 1 bestehen.

Kehren wir zu den dimeren bzw. tetrameren Enzymen, wie sie durch die Dehydrogenasen und die Mehrheit der Kinasen repräsentiert werden, zurück.

Die Tetramerstruktur ist durch drei zweizählige, senkrecht aufeinander stehende Achsen (P, Q, R) gekennzeichnet. Die Q-Achse verbindet je zwei Untereinheiten („Q-Achsen-Dimere“) durch Kontakte zwischen den NAD-Bindungsregionen, die P-Achse vermittelt die größte Zahl der Kontakte zwischen den Untereinheiten und die R-Achse ist das „Herz“ einer im tetrameren Zustand nachweisbaren Asymmetrie.

Q-(Quer)Achsen-Dimere sind LDH, GAPDH und s-MDH. Die Assoziation der zwei Untereinheiten in der LADH ist davon vollständig verschieden (Abb. 11).

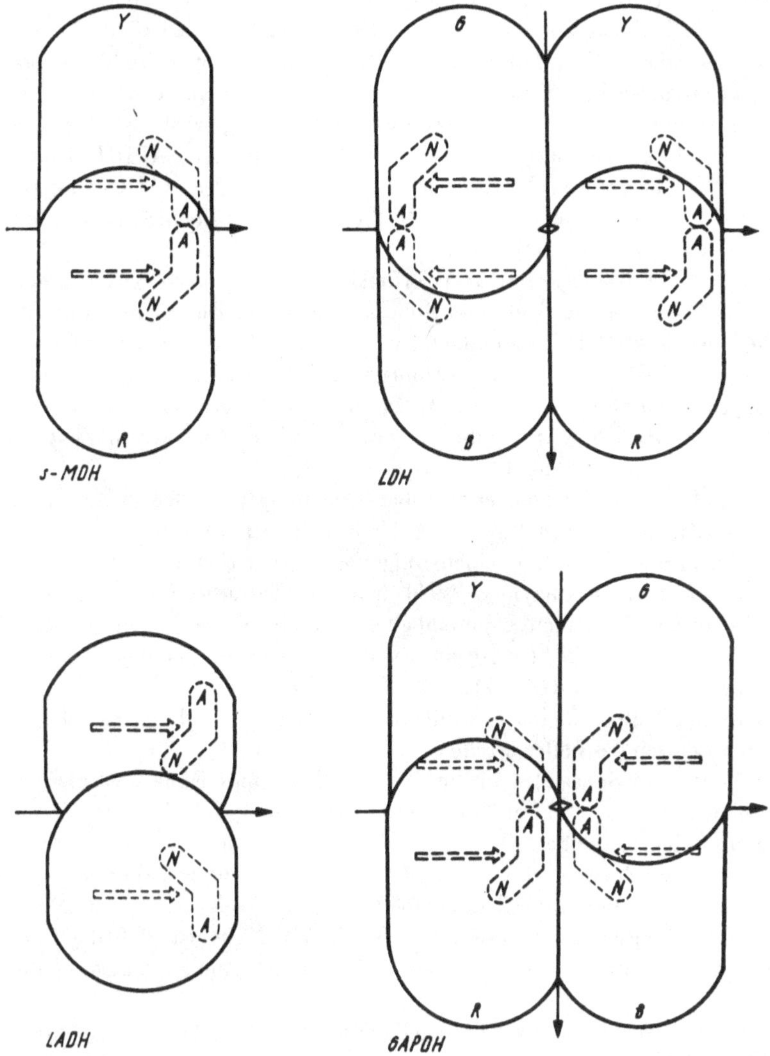

Abb. 11 Vergleich der Oligomerstrukturen von vier verschiedenen Dehydrogenasen. Q-Achsen-Dimere liegen in s-MDH, sowie in der LDH und GAPDH, jedoch nicht in der LADH vor. In der GAPDH sind die Q-Achsen-Dimere gerade entgegengesetzt wie in der LDH assoziiert, wodurch die NAD-Bindungsplätze sehr nahe aneinander gebracht werden. Dies bildet die Basis für das Verständnis der kooperativen Eigenschaften der GAPDH [nach 13].

Die Q-Achsen-Dimere können zu Tetrameren assoziieren, so bei der LDH und der GAPDH; der s-MDH fehlt jedoch ein Stück Polypeptidkette (Sequenz 1—21), die für die Tetramerbildung notwendig ist (vgl. mit Abb. 7), so daß diese nicht zur Tetramerbildung befähigt ist, sondern nur als Dimer vorliegen kann.

Im Falle der GAPDH kommt es zu einer „Kopf-an-Kopf-Assoziation" der Q-Achsen-Dimere, die dazu führt, daß die vier NAD-Bindungsregionen im Tetramerverband eng beieinander liegen, während die LDH „Schwanz-an-Schwanz" assoziiert und dadurch die NAD-Regionen paarweise voneinander getrennt werden.

Diese unterschiedliche Assoziation führt dazu, daß im Falle der GAPDH, jedoch nicht bei der LDH, kooperative Wechselwirkungen zwischen den NAD-Bindungsregionen möglich werden, die bei der Muskel-GAPDH negativ kooperativ und bei der Hefe-GAPDH positiv kooperativ sind.

Durch die 2.9. Å-Auflösung der Muskel-GAPDH wurde eine Asymmetrie in der tetrameren Anordnung der vier Untereinheiten nachgewiesen. Die Asymmetrie besteht zwischen der Y- und R-Untereinheit einerseits und G- und B-Untereinheit andererseits, also zwischen den Q-Achsen-Dimeren. NAD wird an das linke Dimer (Y, R) fester gebunden als an das rechte (G, B), was durch nachweisbare Konformationsunterschiede in den NAD-Bindungsregionen und in den aktiven Zentren eine strukturelle Basis erhält (Abb. 11) [15].

Diese im ligandenfreien Zustand nachweisbare Asymmetrie im tetrameren Verband der GAPDH ist die Ursache für die sog. Halbzentrenaktivität dieses Enzyms.

Unter „Halbzentrenaktivität" in einem oligomeren, aus chemisch identischen Untereinheiten aufgebauten Enzym versteht man die Tatsache, daß in diesem nur die Hälfte der vorhandenen Untereinheiten mit einem gegebenen Substrat oder Inhibitor oder modifizierenden Agens reagieren. Theoretisch kommen hierfür folgende mögliche Ursachen in Betracht:

1. die identischen Untereinheiten assoziieren asymmetrisch, wodurch zwei Klassen von aktiven Zentren geschaffen werden,
2. die Bindung eines Substrates an eine Untereinheit eines Dimers verursacht eine strukturelle Änderung in der anderen Untereinheit, die in ihr einen Affinitätsabfall zu diesem Substrat zur Folge hat (negative Kooperativität),
3. es liegt eine sterische oder elektrostatische Wechselwirkung zwischen den aktiven Zentren zweier benachbarter Untereinheiten in der Weise vor, so daß das Dimer nur ein Bindungszentrum besitzt; ein Sonderfall davon ist, daß die Bindungsregionen zweier Untereinheiten auf der molekularen Symmetrieachse lokalisiert sind.

Die Röntgenkristallstrukturanalyse der GAPDH lehrt, daß für dieses Enzym der Fall 1 zutrifft [15].

Auch die dimere Hefe-Hexokinase weist negative Kooperativität und Halbzentrenaktivität auf. Sie ist ebenfalls auf die Ursache 1 zurückzuführen, die jedoch in Verbindung mit Ursache 3 wirkt (Abb. 12) [25].

Die zwei Untereinheiten, die jeweils wie die vorhin besprochenen Enzyme aus zwei Molekülteilen bestehen, sind umeinander um 165 ° in bezug auf eine Achse, die parallel zur langen Achse liegt, gedreht und gleichzeitig gegeneinander entlang dieser Achse um 13 Å verschoben.

Dadurch assoziieren die zwei Untereinheiten heterolog, wodurch in den Kontaktregionen nicht-äquivalente Mikroumgebungen geschaffen werden.

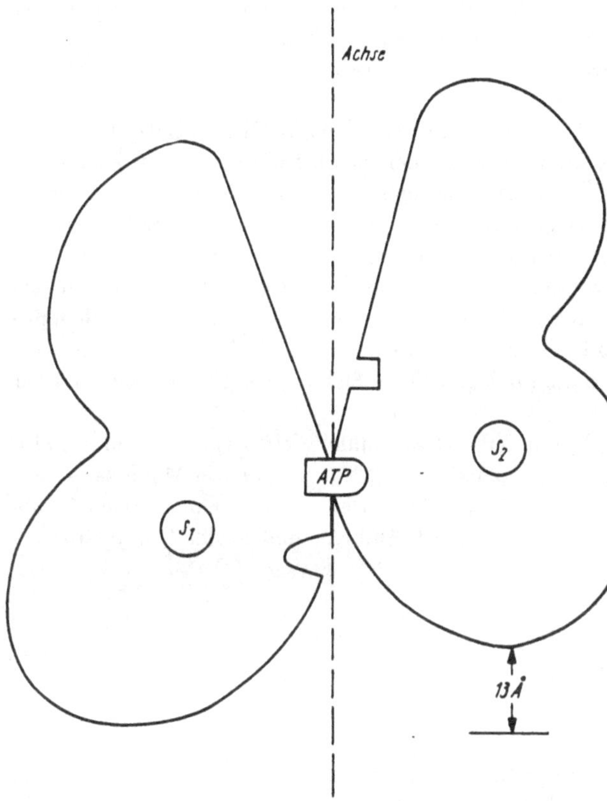

Abb. 12 Die Hexokinase (aus Hefe) als heterolog assoziiertes Dimer mit Halbzentrenaktivität.
S_1 und S_2 stellen die Glukose-Bindungsplätze dar; das ATP-Bindungszentrum liegt in der Symmetrieachse des Moleküls und wird von Anteilen beider Untereinheiten aufgebaut. In den Einschnürungen der beiden Untereinheiten befinden sich zwei weitere, allerdings niedriger affine Bindungsstellen für ATP.

Diese Asymmetrie ist die Ursache dafür, daß das nichtligandierte Dimer nur ein Molekül Glukose bindet (nämlich an die linke Untereinheit). Die dabei entstehenden Konformationsänderungen nach der Art des „induced fit-Mechanismus“ ermöglichen die Bindung von einem Molekül ATP pro Dimer. Dieses Nucleotidbindungszentrum liegt auf der Molekülachse zwischen den zwei Untereinheiten und wird aus zwei verschiedenen Teilen dieser zwei Untereinheiten aufgebaut. Nach

Bindung des Nucleotids an diese Stelle werden die beiden zuckerbindenden Zentren einander gleichwertig, so daß jetzt auch das zweite Glukosemolekül gebunden werden kann.

Die Asymmetrie im Hexokinase-Dimer führt also

1. zu negativ-homotropher Kooperativität zwischen den Untereinheiten sowohl bei der Monosaccharid- als auch bei der Nukleotidbindung und

2. zu positiv-heterotroper Kooperativität zwischen den beiden verschiedenen Bindungszentren für Glukose und ATP.

Die Unterschiede in der Quartärstruktur zwischen LADH, s-MDH, LDH und GAPDH im Gegensatz zur Konservierung der Raumstruktur ihrer Nukleotidbindungsregionen legen die Vermutung nahe, daß die Herausbildung von Oligomerverbänden bei Proteinen phylogenetisch jünger als die Entstehung der Raumstruktur bei Monomeren ist. Die Konservierung der Q-Achse in der GAPDH, LDH und s-MDH im Verlauf der Evolution und die große Ähnlichkeit des s-MDH-Dimers mit einem LDH-Halbmolekül legt einen Evolutionsweg dieser Enzyme aus dem primordialen nukleotidbindenden Protein nahe, wie er in Abb. 13 wiedergegeben ist. In dieser Abbildung ist auch die phylogenetische Stellung des Flavodoxins und der LADH berücksichtigt [13].

Es ist äußerst wahrscheinlich, daß die Herausbildung einer Quartärstruktur, also die Entstehung eines aus einer gesetzmäßig festgelegten Zahl von Monomeren aufgebauten Oligomerverbandes, eines Selektionsvorteil gegenüber dem freien Monomer bot. Dieser ist nicht nur darauf zurückzuführen, daß in der Quartärstruktur

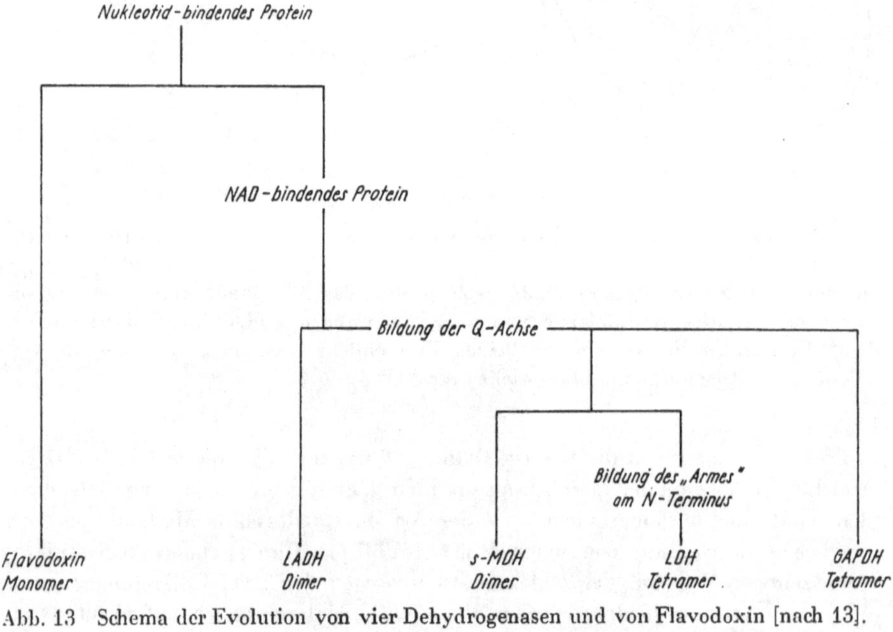

Abb. 13 Schema der Evolution von vier Dehydrogenasen und von Flavodoxin [nach 13].

vielfältige Wechselwirkungen zwischen den Untereinheiten möglich sind, wodurch eine feine Regulierbarkeit der biologischen Funktion, z. B. der katalytischen Aktivität eines Enzyms möglich wird (solche Modulierungseffekte sind prinzipiell auch in monomeren Proteinen nachweisbar), sondern vor allem auf eine Erhöhung der Strukturstablität in einem oligomeren Protein gegenüber einem monomeren. Das ist theoretisch auf Grund der bekannten Tatsachen über die strukturstabilisierenden Kräfte in Proteinen aus der Überlegung ableitbar, daß die Stabilität der Raumstruktur eines Proteins mit der Zahl der in ihm vorhandenen Wechselwirkungen zunimmt. In der Evolution hätte dies auch durch Zunahme der Länge der Polypeptidketten erreicht werden können. Da dies jedoch zwangsläufig zu einer Vergrößerung des codierenden Anteils im genetischen System geführt hätte, war es ein Vorteil, daß die Vergrößerung der Eiweißmoleküle und die damit verbundene Stabilitätserhöhung durch Assoziation von Polypeptidketten erreicht werden konnte.

Experimentell ist der Vorteil der Oligomerstruktur im Vergleich zum monomeren Zustand durch größere Stabilität gegenüber thermischer Denaturierung und erhöhte Resistenz gegenüber Proteolyse nachweisbar [26].

Von großer Bedeutung ist das funktionelle Verhalten der Monomeren im Quartärverband. Es gibt Beispiele dafür, daß die Untereinheiten eines Enzyms im freien Zustand dieselben spezifischen Aktivitäten aufweisen, wie im oligomeren Verband. Dies wurde für die Aldolase nachgewiesen [27]. Ebenso eindeutig wurde in anderen Fällen, z. B. bei der Tryptophanase aus E. coli, nachgewiesen, daß deren Untereinheiten im freien Zustand inaktiv sind [26]. Innerhalb des Oligomerpaketes scheinen die mit Substrat oder Koenzymen besetzten Untereinheiten unabhängig voneinander zu wirken und ihren proportionalen Anteil an der Aktivität des Gesamtmoleküls zu leisten. Dies gilt für die Aldolase [28] und die Tryptophanase [26].

Es wäre jedoch falsch, daraus abzuleiten, daß ein Oligomer eine bloße Ansammlung von Untereinheiten zum Zwecke der Erhöhung ihrer Stabilität darstellt. Eine starke strukturelle Kopplung zwischen den Untereinheiten ist die Voraussetzung für ihre gegenseitige Beeinflussung bei der Bindung von Substraten und Koenzymen; dies wird durch die Bezeichnungen positive oder negative Kooperativität zum Ausdruck gebracht. Offenbar befindet sich die mit Substrat oder Koenzym besetzte Untereinheit in einem viel weniger deformierbaren Zustand als die unbesetzte Untereinheit. Letztere kann zwar durch die erstere strukturell in ihrer Konformation verändert werden, aber nicht umgekehrt.

In diesem Überblick sollten einige Aspekte der funktionellen und strukturellen Organisation von Enzymen dargestellt und einige neuere Ergebnisse und Probleme diskutiert werden. Uns faszinieren diese katalytischen Makromoleküle auf Grund ihrer unvergleichlichen Selektivität, Spezifität und Reaktivität, die sie in ihrer etwa zwei bis drei Milliarden Jahre währenden biologischen Evolution zu höchster Vollendung entwickelt haben.

Meinen Kollegen aus der Hauptforschungsrichtung „Enzymologie“ des Forschungsprogrammes Biowissenschaften möchte ich für die freundliche Überlassung von Materialien und bisher unveröffentlichter Ergebnisse herzlich danken.

Zusammenfassung

1. Enzyme sind katalytisch wirkende Eiweiße. Zwischen Enzymkatalyse und chemischer Katalyse gibt es keine prinzipiellen Unterschiede. Die Kenntnis des Reaktionsmechanismus allein liefert noch nicht das Verständnis für die große katalytische Fähigkeit eines Enzyms. Diese resultiert aus Beiträgen einer Vielfalt von Faktoren (Substratkonzentrierung und -immobilisierung, räumliche Orientierung des Substrates im aktiven Zentrum, induzierte Anpassung, Spannungsmechanismen u. a.).

Das Mikromilieu des aktiven Zentrums ist meist hydrophob. Dadurch entsteht ein einzigartiges Reaktionsmedium, in dem die elektrostatischen Wechselwirkungen zwischen den polaren Gruppen der Aminosäurereste im aktiven Zentrum und denen des Substrates mehrfach größer als in Wasser sind.

2. Als aussagekräftigste Methode zur Untersuchung der Raumstruktur von Proteinen, einschließlich ihres aktiven Zentrums, hat sich die Röntgenstrahl-Diffraktion erwiesen.

3. Im allgemeinen enthält der innere Kern eines Proteinmoleküls vorwiegend Aminosäurereste mit hydrophoben Seitenketten. Die Raumstruktur eines Eiweißmoleküls wird aus drei Strukturelementen gebildet: α-Helices, β-Strukturen (d. s. flächig-gekrümmte Strukturen) und unregelmäßige Schleifen (random loops). In den Proteinen lassen sich „Supersekundärstrukturen" als komplexe Struktureinheiten nachweisen, die aus einer von α-Helices flankierten gekrümmten β-Struktur bestehen.

4. Die räumliche Struktur eines Proteins wird in ihrer Kompaktheit vorwiegend durch hydrophobe Wechselwirkungen stabilisiert, jedoch ist zur Ausbildung einer ganz bestimmten Konformation bei einem Protein das Zusammenwirken verschiedener nichtkovalenter Kräfte erforderlich (polare Bindungen, Wasserstoffbindungen).

Die native Konformation einer Polypeptidkette hängt sowohl von ihrer Primärstruktur als auch von der Gesamtheit aller zwischenmolekularen Wechselwirkungen ab, die das Protein mit seiner Umgebung eingeht.

Bei der Rückfaltung eines denaturierten Proteins wird nur eine stark begrenzte Zahl von Wegen beschritten. Die Rückfaltung beginnt in „Nukleationszentren", die solche Abschnitte der Polypeptidketten repräsentieren, welche besonders leicht Konformationsgleichgewichte zwischen statistischer und kooperativ stabilisierter Anordnung (z. B. in Form von Helix- oder β-Strukturen) eingehen können und so als „Orientierungszentren" für die weitere Faltung dienen können.

5. Gefaltete Polypeptidketten können sich zur Erhöhung ihrer Strukturstabilität zu Oligomerpaketen zusammenlagern (Quartärstruktur). Ein oligomeres Protein ist aus einer relativ kleinen, meist geradzahligen [2, 4, 6, 8] Zahl identischer oder nichtidentischer Untereinheiten unter Wahrung bestimmter Symmetrieregeln aufgebaut.

6. Die Untereinheiten einer größeren Gruppe von Enzymen — NAD-abhängige

Dehydrogenasen, ATP-abhängige Enzyme — bestehen aus zwei deutlich voneinander unterscheidbaren Molekülteilen und weisen beträchtliche räumlich-strukturelle Ähnlichkeiten in bestimmten Regionen auf. Bei der Laktatdehydrogenase, Malatdehydrogenase, Leber-Alkoholdehydrogenase und Glyzerinaldehyd-3-phosphatdehydrogenase sowie bei der Phosphoglyceratkinase, Adenylatkinase und bei anderen Enzyme haben die nukleotidbindenden Bereiche, die sich auf einem der zwei Molekülteile befinden, ähnliche Raumstrukturen („Nucleotid-Falte"), obwohl sie sich in sehr verschiedenen Abschnitten der jeweiligen Polypeptidketten befinden. Die katalytischen Regionen hingegen — auf dem anderen Molekülteil lokalisiert — weisen unterschiedliche und jeweils spezifische räumliche Strukturen auf.

7. Die Halbzentrenaktivität verschiedener, aus identischen Untereinheiten aufgebauter, Enzyme kann auf folgende Ursachen zurückgeführt werden:

- die zwei Untereinheiten assoziieren nicht gleichartig; dadurch werden zwei Klassen von aktiven Zentren geschaffen,
- die Bindung eines Substrates an ein Dimer von äquivalenten Untereinheiten verursacht eine strukturelle Änderung in der anderen Untereinheit, die einen Affinitätsabfall zur Folge hat,
- die Bindungsregionen sind auf der molekularen Symmetrieachse lokalisiert, so daß das Dimer nur ein Bindungszentrum besitzt.

8. Es werden Probleme der Evolution der Tertiär- und Quartärstruktur diskutiert und der Selektionsvorteil von oligomeren Enzymen gegenüber monomeren analysiert. Die Funktionsweise der Untereinheiten im Oligomerverband wird besprochen.

Literatur

[1] E. Hofmann: Enzyme und energiebereitstellende Reaktionen des Stoffwechsels (Dynamische Biochemie Teil II) 3. Auflage, WTB-Reihe Biologie, Akademie-Verlag Berlin 1975.

[2] C. J. Gray: Mechanismen der Enzymkatalyse (Übers. aus dem Engl.; Herausgeber: E. Hofmann) Akademie-Verlag Berlin 1976.

[3] D. E. Koshland: FEBS- Letters **62S**, E 47 (1976).

[4] B. W. Matthews, P. B. Sigler, R. Henderson and D. M. Blow: Nature (London) **214**, 652 (1967).

[5] D. M. Blow, J. J. Birktoft and B. S. Hartley: Nature (London) **221**, 337 (1969).

[6] P. Heitmann und H. J. Uhlig: Acta biol. med. germ. **32**, 565 (1974).

[7] D. E. Koshland: Science **142**, 1533 (1963).

[8] D. E. Koshland: Nachr. Chem. Techn. **19**, 47 (1971).

[9] H. Lehmann, G. Fischer, G. Hübner, K.-D. Kohnert und A. Schellenberger, Eur. J. Biochem. **32**, 83 (1973).

[10] C. B. Anfinsen: Science **181**, 223 (1973).

[11] C. C. F. Blake: FEBS-Letters 62S, E30 (1976).

[12] H. Lehmann and R. G. Huntsman: Man's haemoglobins; North-Holland Publishing Company, Amsterdam-Oxford (1974).

[13] M. G. Rossmann, A. Liljas, C.-I. Brändén and L. J. Banszak: Evolutionary and Structural Relationships among Dehydrogenases; in: The Enzymes, Vol. XI, Part A, 61 (Ed.: P. D. Boyer); Academic Press, New York (1975).

[14] C. C. F. Blake: X-Ray Enzymology; in: Essays in Biochemistry, Vol. 11, 37 (Eds.: P. N. Campbell and W. N. Aldridge) Academic Press, London (1975).

[15] D. Moras, K. W. Olsen, M. N. Sabesan, M. Buehner, G. C. Ford and M. G. Rossmann: J. Biol. Chem. **250**, 9137 (1975).

[16] G. Kopperschläger, W. Diezel, R. Freyer, S. Liebe and E. Hofmann: Eur. J. Biochem. **22**, 40 (1971).

[17] H.-J. Böhme, G. Kopperschläger, J. Schulz and E. Hofmann: J. Chromatogr. **69**, 209 (1972).

[18] W. Diezel, H.-J. Böhme, K. Nissler, R. Freyer, W. Heilmann, G. Kopperschläger and E. Hofmann: Eur. J. Biochem. **38**, 497, (1973).

[19] H.-J. Böhme, W. Schellenberger, P. Retterrath, E. Hofmann und R. Misselwitz: Acta biol. med. germ. **34**, 1447 (1975).

[20] S. T. Thompson, K. H. Cass and E. Stellwagen: Proc. Natl. Acad. Sci. USA **72**, 669 (1975).

[21] E. Stellwagen, R. Cass, S. T. Thompson, and N. Woody: Nature **257**, 716 (1975).

[22] E. Stellwagen and B. Baker, Nature **261**, 719 (1976).

[23] G. Damaschun, H. Damaschun, H. Hanson, J. J. Müller, H.-V. Pürschel: studia biophysica **35**, 59 (1973).

[24] G. Kopperschläger, E. Usbeck and E. Hofmann: Biochem. Biophys. Res. Comm. **71**, 371 (1976).

[25] W. F. Anderson and T. A. Steitz: J. Mol. Biol. **92**, 279 (1974).

[26] O. Raibaud and M. E. Goldberg: J. Biol. Chem. **251**, 2814, 2820 (1976).

[27] W. W.-C. Chan, J. S. Mort, D. K. K. Chong and P. D. M. Macdonald: J. Biol. Chem. **248**, 2778 (1973).

[28] E. A. Meighen and H. K. Schachman: Biochemistry **9**, 1163 (1970).

MIX
Papier | Fördert gute Waldnutzung
FSC® C083411

Zeitfracht Medien GmbH
Ferdinand-Jühlke-Straße 7
99095 Erfurt, Deutschland
produktsicherheit@kolibri360.de